Dieses Buch gehört:

Sabine Flunker Gereon Klug

Wo ist mein Hase

Herausgeber dieses Buches ist IMPULS Deutschland Stiftung e.V.

Der erste und wichtigste Lernort von Kindern ist die Familie. IMPULS Deutschland Stiftung e.V. ist ein gemeinnütziger Verein mit Sitz in Bremen, der Bildungsprogramme entwickelt und betreibt: Zur Ermutigung von Müttern und Vätern, sich aktiv und intensiv am Aufwachsen ihrer Kinder zu beteiligen – von der Geburt bis zum Start in die Schule.

IMPULS

Entdecken, lernen, gestalten. Frühe Bildung in der Familie.

Der Winter, der war lang und kalt.
Nun ist Frühling hier im Wald.

Alle sind wach, hier ist was los.
Nur der Igel schläft noch im Moos.

Lieber Igel, es ist Zeit aufzustehen.
Du wolltest doch zum Hasen gehen!

Wer kennt den Weg? Du, Vögelein?
Das kann doch nicht so schwierig sein.

Den Hasen finden ist nicht schwer.
Besuch freut ihn doch immer sehr.

Wer kommt denn hier und summt?
Es ist die Biene, die da brummt.

Bleib doch hier, ich lad dich ein.
Ich mach Honig, der schmeckt fein.

Nein, ich darf den Hasen nicht vergessen.
Hab keine Zeit zum Honig essen.

Oh, der Fuchs lässt den Igel nicht weitergehen.
Wo willst du denn hin? Bleib mal stehen.

Der Fuchs ist groß, der Igel klein.
Besser er rollt sich ganz schnell ein.

Lieber Fuchs, ich will zum Hasen gehen.
Deshalb sage ich dir auf Wiedersehen.

Da kommt aus einem großen Strauch
ein kleiner Löwe mit gelbem Bauch.

Hallo Igel, was machst du denn da?
Willst du mit nach Afrika?

Nein, dafür hab ich keine Zeit.
Ich muss zum Hasen, tut mir leid.

Mein lieber Hase, da bist du ja.
Endlich. Das ist wunderbar.

Hase und Igel toben und lachen.
Wie das zwei gute Freunde machen.

Wenn in der Nacht die Sterne blitzen,
bleiben die beiden noch lange sitzen.

Sie plaudern bis sie müde sind.
Der nächste Morgen kommt bestimmt.

Projektleitung
Moritz Müller

Idee
Sabine Flunker, Gereon Klug, Gilda Mempel

Text
Gereon Klug

Illustration und Grafik
© Sabine Flunker

Förderer
Deutsche Postcode Lotterie
Niedersächsische Lotto-Sport-Stiftung
RDM-Stiftung

Herausgeber
IMPULS Deutschland Stiftung e. V.
Hermann-Ritter-Straße 112 | 28197 Bremen
Tel: +49 (0)421 696786-0 | Fax: +49 (0)421 696786-86
E-Mail: info@impuls-familienbildung.de | www.impuls-familienbildung.de
Geschäftsführender Vorstand: Peter Weber

ISBN 978-3-948604-01-1

DEUTSCHE POSTCODE LOTTERIE
RDM-Stiftung
Niedersächsische LOTTO-SPORT-STIFTUNG Bewegen · Integrieren · Fördern